Rosemarie Straub

Pappmaché und Papiermaché

Einkleiden,
Modellieren,
Gießen,
Drücken
kinderleicht

W0301891

frechverlag

Fotos: frechverlag GmbH + Co. Druck KG, 70499 Stuttgart;
Fotostudio Ullrich & Co., Renningen

Dieses Buch enthält:
1 Vorlagenbogen

Materialangaben und Arbeitshinweise in diesem Buch wurden von der Autorin und den Mitarbeitern des Verlags sorgfältig geprüft. Eine Garantie wird jedoch nicht übernommen. Autorin und Verlag können für eventuell auftretende Fehler oder Schäden nicht haftbar gemacht werden. Das Werk und die darin gezeigten Modelle sind urheberrechtlich geschützt. Die Vervielfältigung und Verbreitung ist, außer für private, nicht kommerzielle Zwecke, untersagt und wird zivil- und strafrechtlich verfolgt. Dies gilt insbesondere für eine Verbreitung des Werkes durch Film, Funk und Fernsehen, Fotokopien oder Videoaufzeichnungen sowie für eine gewerbliche Nutzung der gezeigten Modelle.

Auflage: 10. 9. 8. 7. 6. | Letzte Zahlen
Jahr: 2004 2003 2002 2001 | maßgebend

© 1996

frechverlag GmbH + Co. Druck KG, 70499 Stuttgart

ISBN 3-7724-2125-3 · Best.-Nr. 2125
Druck: frechverlag GmbH + Co. Druck KG, 70499 Stuttgart

Pappmaché und Papiermaché

Schon im alten China kannte man die uralte Modelliertechnik, bei der man aus zerkleinertem Papier und Leim federleichte, äußerst strapazierfähige Gegenstände herstellen konnte. Nach dem Trocknen wird Papier- oder Pappmaché so hart, daß es unzerbrechlich ist und sogar gesägt werden kann.
Viele nützliche Dinge für den täglichen Gebrauch wie zum Beispiel Schalen, Übertöpfe, Tabletts, Papierkörbe und ähnliches lassen sich daraus herstellen. Seine Blütezeit in Europa erlebte das Papiermaché im 18. und 19. Jahrhundert. Der Begriff selbst kommt aus dem Französischen und bedeutet so viel wie „Papierteig".
In dieser Zeit stellte man sogar Gebrauchsgegenstände wie Tische und Stühle aus Papiermaché her oder verwandte es bei Stuckarbeiten.
Im Mittelpunkt meines Buches stehen aber nicht diese großen Dinge, sondern die kleinen Extras – schließlich ist dieses Buch vor allem für Kinder gedacht!
Seit einiger Zeit gibt es außer Papiermachépulver auch flüssige Papiermachémassen, die eigentlich der Anfertigung von kunstvollen Puppen dienen. Wandelt man ihre Anwendungsmöglichkeiten ein wenig ab, können aus diesen Gießmassen ganz urige Dinge modelliert werden.
Ihr werdet staunen, was man aus Papier, Leim und den verschiedenen Papiermachémassen alles basteln kann! Doch nicht nur das Basteln wird hier erklärt, sondern auch die Bemalung und Bekleidung der entstandenen Figuren.
Jedes Tier und jede Figur hat eine Eigenheit, die durch die Bemalung verstärkt oder abgeschwächt werden kann.

Laßt Euch entführen in das Reich der Phantasie... und ich bin sicher, Ihr erfindet noch viele lustige Gesellen dazu.

Eure Rosemarie Traub

Das Material

- Tapetenleim
- Alle Arten von Papier, Illustrierten, Prospekten, Seiden- und Schreibmaschinenpapier, Wellpappe
- Küchentücher
- Luftballons
- Vaseline
- Bastelkleber
- Fertiges Papiermachépulver
- Papiermachémasse für Puppen
- Lufttrocknende Modelliermasse
- Gips
- Wattekugeln
- Flachpinsel, klein und groß
- Rundpinsel
- Schere
- Farben: Grundierung mit Matt- und Decorlack in Weiß (Acryl)
  Bemalung mit Glasmal-, Decormatt- und Decorlackfarben auf Wasserbasis
- Farbloser Lack auf Wasserbasis

Weitere Angaben siehe Einzelbeschreibungen.

Die Grundtechniken

Es wird machmal mit den Begriffen Papier- oder Pappmaché operiert, ohne daß man so recht weiß, wodurch sie sich unterscheiden. Das einzige Unterscheidungsmerkmal liegt in ihrer Verarbeitung und in der Beschaffenheit des entstandenen Gegenstands.
Die Grundtechniken sind: das Einkleiden oder Kaschieren von Gegenständen, das Gießen in Gipsformen, das Aufbauen und Modellieren sowie das Drücken. Bei der Einkleidetechnik wird das Papier in Lagen übereinander geklebt. Das dabei entstehende Material ist in seiner Beschaffenheit pappeähnlich, deshalb wird es dann auch als Pappmaché bezeichnet.
Bei allen anderen Grundtechniken bezeichnet man das entstandene Produkt als Papiermaché.

Einkleidetechnik

Für die Einkleidetechnik benötigst Du Luftballons oder andere Modellierformen, die mit Zeitungspapier und Tapetenkleister eingekleidet werden.
Schau einfach in den Küchenschrank, Du findest sicher Plastikschüsseln, Teller, Blumenvasen oder ähnliches, die Dir als Modellierform dienen können. Die Gegenstände müssen aber eine Bedingung erfüllen: sie sollen glattwandig sein und eine einfach Form haben. Ein Gefäß mit Henkel eignet sich nicht für diese Technik.

Einkleiden eines Gefäßes

Bevor Du anfängst, ein Gefäß einzukleiden, muß es dick mit Vaseline „eingecremt" werden. Die Vaseline dient als Trennmittel, und Du kannst Dein Kunstwerk nach dem Trocknen leicht von der Grundform ablösen.
Für Deine ersten Versuche benötigst Du eine einfache Grundform, Tapetenleim, die verschiedensten Papiere und einen etwa 4 cm breiten Flachpinsel.
Als erste Grundform eignet sich ein Teller, wie er auf Seite 7 unten abgebildet ist, besonders gut.
Nimm extra starken Tapetenleim, d.h. Leim für schwere Tapeten, und rühre ihn nach Vorschrift mit einem Schneebesen in einem größeren Gefäß an. Laß ihn die erforderliche Zeit ruhen (Hinweise auf der Packung beachten!). Es ist günstig, wenn sich das Gefäß mit einem gut schließenden Deckel versehen läßt, dann kannst Du länger mit dem Tapetenkleister arbeiten.
Altpapier jeder Art läßt sich bei dieser Modelliertechnik verarbeiten.
Du kannst Zeitungspapier von Illustrierten, Prospekte, Packpapier, Computer- oder normales weißes Schreibmaschinenpapier, aber auch alle Bastelpapiere wie Tonpapier und Seidenpapier verwenden.
Bevor Du anfängst zu arbeiten, ist es günstig, den Tisch mit einer dicken Lage Zeitungen abzudecken.
Das Papier wird in etwa 2-3 cm breite und 10 cm lange Stücke gerissen oder geschnitten.
Die Streifen mußt Du in den Kleister tauchen, abtropfen lassen und auf eine Modellierform legen.
Beginne am oberen Rand der Form, und legen die Streifen in Längsrichtung im Uhrzeigersinn auf die Form. Die Streifen können sich dabei ein wenig überlappen. Achte darauf, daß sich keine Luftblasen und Falten bilden! Am besten ist es, wenn Du sie zwischendurch immer mit dem Flachpinsel glattstreichst. Ist die Form gleichmäßig mit einer Papierschicht bedeckt, kannst Du die Oberfläche noch einmal ganz mit Leim einstreichen. Nimm für die zweite Schicht eine andere Papierfarbe, dann siehst Du genau, ob Du die ganze Form beschichtet hast.
Wechsle immer mal die Kleberichtung, dann wird die Oberfläche Deines Gefäßes glatter. Du mußt etwa acht Schichten aufbringen, bei dickerem Papier können es auch nur drei bis vier sein. Denke daran, daß zwischendurch die Luftblasen und Falten herausgestrichen werden müssen. Das Pappmaché muß auf der Form bleiben und gut durchtrocknen. Nach etwa 24 Stunden kann der fertige Teller von der Form abgenommen werden.
Die Unebenheiten am Rand werden mit einer Schere abgeschnitten, die Oberfläche wird bemalt. Es kann aber auch eine Schicht Geschenkpapier aufgeklebt werden. Nach dem Trocknen wird der Teller nur noch mit farblosem Lack auf Wasserbasis lackiert.

Einkleiden eines Luftballons

Für viele Arbeiten kann als Modell ein Luftballon verwendet werden. Damit die Modellierform beim Arbeiten nicht nachgibt, wird der Ballon vollständig mit Luft gefüllt. Knote ihn fest zu, sonst entweicht die Luft, bevor das Pappmaché richtig durchgetrocknet ist. Stelle ihn zur besseren Bearbeitung in ein Gefäß, und kleide ihn wie jede andere Form ein. Der Ballon braucht nicht mit Vaseline „eingecremt" zu werden! Er trocknet am gleichmäßigsten, wenn er am Knoten aufgehängt wird. Läßt Du ihn in dem Standgefäß trocknen, muß er öfters gedreht werden. Wenn eine vollkommen geschlossene Ballonform benötigt wird, muß der Ballon gleichmäßig bis zum Knoten modelliert werden. Nach dem Trocknen wird der Ballon entfernt, und das verbliebene Loch kann mit einigen Papierschichten bedeckt werden. Ist die Grundform gut durchgetrocknet, wird sie weiter bearbeitet, d.h. sie kann mit einer Schere nachgeschnitten oder auch halbiert werden. Willst Du stehende Gefäße, wie sie auf Seite 7 abgebildet sind, anfertigen, wird die Grundform etwas abgeändert. Bevor die Gefäße richtig durchgetrocknet sind, muß man für ihre Standfestigkeit sorgen; dazu wird der Luftballon entfernt, und man drückt wie bei dem großen Gefäß eine Standfläche in die Ballonform. Vorsicht: Falls das Pappmaché noch zu naß ist, kann es passieren, daß sich das Gefäß stark verzieht. Kleine Unregelmäßigkeiten müssen bei dieser Technik in Kauf genommen werden. Für den Fuß des höheren Gefäßes habe ich einen Streifen Wellpappe zu einer Röhre zusammengeklebt. Diese Röhre klebt man am schnellsten mit Heißkleber an den vollkommen getrockneten Ballonkörper. Falls Du keine Heißklebepistole besitzt (Vorsicht vor Verbrennungen!), kann auch Packband oder Bastelkleber verwendet werden. Letzterer muß allerdings länger trocknen. Danach werden beide Gefäße passend zum Teller mit einer Schicht Geschenkpapier überzogen und mit farblosem Lack auf Wasserbasis lackiert.

Ansetzen von Teilen

Um die Form zu verändern, können aus Papier modellierte Formen mit Bastelkleber angesetzt werden. So entstehen Ohren, Schwänze, Rüssel, Arme und Beine. Diese modellierten Formen werden zuerst aus Zeitungspapier geknüllt oder auch gefaltet. Damit ihre Oberfläche für die weitere Bearbeitung etwas glatter ist, werden sie noch mit einer Lage Küchentuch versehen. Diese letzte Schicht muß fest mit dem Untergrund verbunden sein. Das bewirkt am besten Bastelkleber, der das Küchentuch nicht so aufweicht. Die Oberfläche wird nun mit einer selbst angerührten oder einer speziellen Papiermachémasse für Puppen verfestigt.

Papiermachémasse

Du benötigst dafür ein gut verschließbares Gefäß, in das zwei Tassen (ca. 300 ml) kaltes Wasser gegeben werden. Rühre etwa 50-60 g pulverförmiges Papiermaché hinein, dazu kommen noch drei gehäufte Eßlöffel Gips. Laß das Ganze etwa 30 Minuten ruhen. Die Masse wird schichtweise auf einen trockenen, saugfähigen Untergrund aufgetragen. Das macht man am besten mit einem weichen Pinsel. Bevor weiter gearbeitet wird, müssen die Schichten immer wieder trocknen. Die fertigen Teile können wie Holz geschliffen, gefeilt, gesägt, gebohrt und mit vielen Farben bemalt werden.

Anfertigung eines Hohlkörpers

Soll ein Hohlkörper angefertigt werden, wird die Grundform genau wie der Teller eingekleidet. Nach dem Trocknen muß das Pappmaché mit einem scharfen Messer oder Skalpell seitlich aufgeschnitten werden. Danach kannst Du es vorsichtig von der Form ablösen, die Trennkanten werden mit Klebestreifen wieder verbunden und mit Papier von außen und innen überklebt. So wird der Hohlkörper wieder stabil. Die verwendete Modellierform darf daher keine „Schnörkel" haben.

Bemalung

Beklebe das Pappmaché zuletzt mit einer Schicht weißem Papier. Überstreiche das Ganze mit weißem Decorlack.

Wenn das innen und außen gemacht wird, ist das Gefäß sogar wasserdicht. Nimm zuerst eine Motiveinteilung mit einem schwarzen, wasserfesten Stift vor. Je nach Motivgröße kann ein dicker oder ganz feiner Stift verwendet werden. Male weiter mit Glasmalfarben auf Wasserbasis, sie besitzen eine große Leuchtkraft. Man kann direkt aus dem Glas malen und die Pinsel mit Wasser auswaschen. Besonders intensiv werden die Farben, wenn sie noch ein zweites Mal aufgetragen werden. Obwohl sie schon nach etwa 30 Minuten trocken sind, härten sie erst nach einigen Tagen richtig aus.
Es können aber auch alle anderen Farben verwendet werden. Sie müssen dann allerdings meist noch lackiert werden.

Pappmaché-Allerlei

Puppenwagen

Mit Deinen ersten angefertigten Gefäßen kannst Du auch weiterbasteln. Für den kleinen Puppenwagen habe ich einen Grundkörper in Form einer höherwandigen Schale verwendet. Bevor das Pappmaché richtig durchgetrocknet war, habe ich es von der Modellierform abgenommen und die Form etwas zusammengedrückt, so daß eine „Wanne" entstanden ist. Meine Wanne hat eine Länge von 24 cm und eine Höhe von 7 cm.
Ein Moosgummischlauch (10 mm Ø) diente als Form für die Achsen, den Griff und die Lenkstangenbefestigung. Dafür habe ich Papier mit Tapetenleim eingestrichen und den Moosgummischlauch darin eingerollt. Der Schlauch muß vor dem Trocknen wieder entfernt werden, so entstehen Hülsen, die nur noch paßgerecht zugeschnitten werden müssen. Für die Lenkstange brauchst Du noch ein Stück Schlauch von 35 cm Länge. Eine 7 cm lange Hülse dient als Griff, rechts und links davon benötigst Du zwei kurze, etwa 3 cm lange Hülsen, die auf den Schlauch gezogen und mit Moosgummikleber befestigt werden. Die Lenkstange wird in Form gebogen, die Enden werden etwas zusammengedrückt und mit Bastelkleber an der Wanne befestigt. Du brauchst noch zwei 12 cm lange Hülsen als Achsen, an deren Enden mit Bastelkleber die Räder befestigt werden. Die Räder sind Knöpfe mit einem Durchmesser von 3,5 bis 4 cm. Die Achsen werden in einem Abstand von etwa 5 cm am Wannenboden befestigt.

Die Schnittmuster für die in dem Wagen sitzenden Püppchen findest Du auf dem Vorlagenbogen. Ihre Anfertigung wird auf Seite 36 erklärt.

Fesselballon und Fallschirm

Der Fesselballon entsteht aus einer einfachen Ballonform. Wenn die Grundform gut durchgetrocknet ist, kannst Du den Rand mit einer Schere geradeschneiden. Danach habe ich eine Schicht aus farbigem Prospektpapier aufgebracht, mit der gleichzeitig der untere Ballonrand verstärkt wird. Außerdem ist das eine hübsche Alternative zur Bemalung. Etwa 1 cm oberhalb dieses Randes werden im gleichen Abstand vier Löcher durchgestochen. Nimm dazu eine Stricknadel oder einen anderen spitzen Gegenstand.

Für die Ballonkorbhalterung wird durch jeweils zwei nebeneinander liegende Löcher ein 90 cm langer Schnürsenkel (oder Lederband) gefädelt. Verwende für den Ballonkorb einen runden Korb ohne Henkel. In ihm verknotest Du die Enden der Schnürsenkel, achte darauf, daß der Ballonkorb gerade hängt.

Am oberen Ballonende muß noch eine Aufhängung angebracht werden. Bringe vorsichtig ein Loch an, und ziehe beide Enden eines langen Schnürsenkels durch. Sie werden im Inneren des Ballons so verknotet, daß sie nicht durch das Loch rutschen können. Zur Sicherheit kann ein etwa 2 cm langes Holzstäbchen dazwischengeknotet werden. Der Fallschirm ist einfacher zu arbeiten, die Grundform ist etwas runder und nicht so groß. Am unteren Rand müssen ebenfalls vier Löcher durchgestochen werden. Die Fallschirmhalterung wird oben im Schirm verknotet.

Ballonfahrer und Schildkröte

Ballonfahrer und Schildkröte sind eigentlich Briefbeschwerer aus Papiermaché (vgl. auch Seite 26). Um ihnen ein gewisses Gewicht zu verleihen, habe ich jeweils einen großen Stein in Zeitungspapier eingewickelt, mit Bastelkleber verklebt und, wie Seite 6 schon beschrieben, nochmals mit Küchenkrepp kaschiert.

Beim Ballonfahrer entstand auch der Kopf so; die Nase wurde aus Küchenkrepp möglichst glatt geformt und angesetzt.

Der Körper besteht aus zusammengeknülltem und -geklebtem Zeitungspapier, das ebenfalls eine glättende Schicht aus Küchenkrepp erhält. Körpergröße und Form des Ballonfahrers müssen auf den Ballonkorb abgestimmt werden. Für die Arme setzt Du zwei kleine Papierkugeln an. Abschließend wird der Körper mit dem Kopf verklebt und zwei- bis dreimal mit Papiermachémasse (Rezept siehe Seite 6) überstrichen. Ist die Oberfläche fest, kann mit weißem Decorlack grundiert werden. Gesicht und Hände erhalten eine Grundierung mit Hautfarbe. Danach kannst Du alles bemalen. Falls Dir die Augen nicht gelingen, können auch Wackelaugen aufgeklebt werden. Der Hut ist aus Filz. Seinen Schnitt findest Du auf dem Vorlagenbogen. Erklärungen zum Nähen findest Du auf Seite 30.

Die Schildkröte ist genauso entstanden, der Stein befindet sich im Panzer. Kopf, Beine und Schwanz wurden angesetzt. Für den Kopf modellierst Du eine Kugel mit einem Durchmesser von etwa 3 cm, die mit Küchentuch kaschiert wird. Sie wird am Panzer festgeklebt. Für die Vorder- und Hinterbeine der Schildkröte faltest Du je einen 3 cm breiten stabilen Papierstreifen, der unter dem Panzer hervorragen muß.

Der Grundkörper wird mit der angerührten Papiermachémasse verfestigt. Danach wird mit weißem Decorlack grundiert. Die Schildkröte erhält einen grünen Panzer, Kopf und Beine sind gelb. Die Feinheiten werden nachträglich mit einem wasserfesten Stift herausgearbeitet.

Die Eule und der Tukan

Eule und Tukan werden jeweils aus einer einfachen Ballonform angefertigt, die zum Schluß mit einer Lage aus weißem Papier überzogen wird. Zuerst wird der untere Rand mit der Schere geradegeschnitten. Probiere aus, ob die Grundform steht. Die **Eule** erhält einen Schnabel aus Küchentuch, der oben etwas breiter ist und hakenförmig bis zur Mitte des Ballons geht. Falte dazu das Küchentuch vierfach zu einem Streifen von 27,5 cm Länge und 7 cm Breite. Klappe den Streifen in der Mitte so zusammen, daß die offenen Kanten innen liegen. Er ist jetzt noch knapp 14 cm lang, der rechte und der linke Rand werden noch 4,5 cm breit nach innen geklappt und mit Klebstoff befestigt. Drücke das Küchentuch im unteren Bereich etwas zusammen, und forme daraus die Eulennase, die an der Grundform angeklebt wird. Für die Ohren nimmst Du am besten ein Papiertaschentuch, das obere schmale Ende wird einfach zusammengedreht und mit etwas Bastelkleber stabilisiert. Der untere Teil des Ohrs wird rundgeschnitten und am Ballon angeklebt. Um Unebenheiten auszugleichen, kannst Du noch ein ovales Stück Küchentuch im Augenbereich aufkleben. Schnabel, Augenbereich und Ohren müssen zweimal mit Papiermachémasse überzogen werden. Streiche die Ohren zunächst nur auf einer Seite ein, und lasse sie wieder trocknen. Wenn beide Seiten gleichzeitig bearbeitet werden, nehmen sie zuviel Feuchtigkeit auf und klappen um.

Der **Tukan** bekommt einen Schnabel aus einem Blatt Schreibmaschinenpapier der Größe DIN A4. Rolle das Blatt von der Längsseite aus schräg zu einer etwa 3 cm dicken Röhre zusammen. Arbeite so, daß der Schnabelansatz etwa 1 cm dicker als die Schnabelspitze ausfällt. Die Blattränder sollen an der dünneren Seite übereinander liegen. Dieser Rand wird wie bei einer Geschenkverpackung 1-2 cm nach innen umgeschlagen, so daß der Schnabel eine stabile ovale Form erhält. Da die Schnabelspitze schräg nach unten ausläuft, muß oben etwas weiter eingeschlagen werden. In die vordere Öffnung wird ein paßgerecht zusammengelegtes Küchentuch geklebt. Der Schnabel des Tukans hat eine Länge von 14 cm und wird im hinteren Teil passend zur Ballonform ausgeschnitten.

Du kannst den Schnabelansatz auch mit Küchentuch ausfüllen und im oberen Bereich der Ballonform ankleben.
Nach dem Trocknen werden beide Tiere mit weißem Decorlack grundiert und anschließend bemalt. Mit einem dünnen, wasserfesten schwarzen Stift werden Schnabel, Augen und Flügel umrandet. Danach kannst Du die Flächen mit leuchtenden Glasmalfarben ausfüllen. Eule und Tukan erhalten runde schwarze Augen, die im äußeren Bereich mit etwas Weiß aufgehellt werden. Zum Schluß bekommen sie noch einen weißen Lichtfleck, der sich rechts oder links im Auge befindet. Die Wimpern werden zum Schluß mit dem wasserfesten Stift gezogen.

Der Schneemann

Der Schneemann besteht aus zwei Ballonformen. Der Bauch wurde aus einer etwa 35 cm hohen und ziemlich dicken Form gearbeitet, auf die eine kleinere Form aufgesetzt wurde. Bevor der Bauch richtig durchgetrocknet ist, wird der Luftballon entfernt und im unteren Bereich eine Standfläche eingedrückt.
Die zweite Ballonform, der Kopf, muß in der Größe zum Bauch passen und eine ganz runde Form haben. Arbeite eine etwas höhere Form, die dann nachträglich noch abgeschnitten werden kann. Die kleinere Form wird mit der Öffnung nach unten auf den Bauch gesetzt und am einfachsten mit der Klebepistole angeklebt. Beide Grundformen können aber auch mit einem Klebestreifen verbunden werden, der dann nochmals mit einer Papierschicht überklebt werden muß.
Der Hut ist aus fester Pappe angefertigt. Er besteht aus einem Kreis von 13 cm Durchmesser, einem Streifen Wellpappe von 10 cm Höhe und 45 cm Länge sowie einem Pappring mit einem Außendurchmesser von 26 cm und einem Innendurchmesser von 13 cm. Der Wellpappestreifen wird zu einer Röhre zusammengeklebt, die etwa 1 cm überlappen kann. Auf einer Seite wird der Kreis (Hutoberseite) und auf der anderen Seite der Ring aufgeklebt. Der Hutrand wird mit Puppenfüllwatte aufgepolstert und mit mindestens zwei Lagen Papier überklebt. Wenn Du den Hut nicht bemalen willst, kannst Du als letzte Schicht farbiges Geschenkpapier aufkleben.
Der Grundkörper des Schneemanns erhält zum Schluß eine Deckschicht aus weißem Papier.

Tip:
Fällt der Ballon für den Bauch etwas zu klein aus, so daß Deine beiden Ballons nicht zusammenpassen, kannst Du ihn mit Puppenfüllwatte aufpolstern. Du mußt die Füllwatte lagenweise auf den Bauch kleben und mit mindestens zwei bis drei Schichten Papier überziehen. So lange es naß ist, fühlt sich das Ganze ziemlich „wabbelig" an, doch nach dem Trocknen ist der Körper stabil.

Ist der Schneemann richtig durchgetrocknet, wird der gesamte Körper mit weißem Decorlack grundiert. Die Bemalung erfolgt wie bei Eule und Tukan mit einem wasserfesten Stift und anschließend mit Glasmalfarben. Der Schneemann erhält runde Augen mit einem weißen Lichtfleck und einen Mund aus schwarzen Punkten. Um den Hals malst Du als erstes den roten Schal mit Fransen. Der Mantel bleibt weiß, er wird nur durch blaue bzw. gelbe Kanten, Knöpfe und Taschen angedeutet. Den unteren Abschluß bilden ein gelber und ein blauer Streifen.
Zum Schluß wird die Nase aus einem Papiertaschentuch gedreht. Dazu schlägst Du die Ecke an der Längsseite in einem spitzen Winkel ein und drehst sie zu einer Tüte. Ist eine schöne Spitze entstanden, wird sie mit Klebstoff stabilisiert. Schneide die Nasenlänge passend zu Deinem Schneemann zurecht, und klebe die Nase an. Du kannst sie mit roter Glasmalfarbe übermalen, dadurch verfestigt sie sich.

Der weiße Hase

Der Hase wird genau wie der Schneemann aus zwei Ballongrundformen angefertigt. Der Bauch hat eine Höhe von etwa 30 cm und ist oben offen. Auf ihn wird ein kleinerer Ballon mit der Spitze nach vorn gesetzt und mit der Klebepistole oder Klebestreifen, wie bereits auf Seite 14 beschrieben, befestigt. Für Arme, Beine und Ohren brauchst Du lange, schlangenförmige Ballons. Nach dem Aufblasen wird der Ballon bei der jeweils erforderlichen Länge verschlossen und zusätzlich mit Klebestreifen umwickelt.

Für die Beine brauchst Du eine Ballon-Schlange von 65 cm Länge. Der Ballon wird u-förmig zusammengedrückt und später unter dem Grundballon angebracht, so ergibt sich eine Sitzfläche für den Hasen. Damit sie beim Einkleiden ihre Form behält, werden die beiden Enden mit einem Faden der entsprechenden Länge verbunden. Der u-förmige Ballon wird mit drei bis vier Papierschichten beklebt. Nach dem vollständigen Trocknen setzt Du den Grundkörper so auf die Beinform, daß die Beine vorn noch etwa 8-10 cm überstehen. Zum Befestigen Klebepistole oder Bastelkleber verwenden. Für Oberschenkel und Fußsohlen knüllst Du feuchtes Papier zusammen, das vorher mit Tapetenleim eingestrichen wurde, und modellierst es an den Grundkörper.

Für den Schwanz wird eine Kugel aus einem zusammengeknüllten Blatt Papier modelliert.

Für Arme und Ohren benötigst Du jeweils zwei dünne Ballons von 24 cm Länge. Sie werden mit drei bis vier Papierschichten überklebt. Die Ballons mußt Du schon vor dem vollständigen Trocknen entfernen, nur so können ihre Enden noch zusammengedrückt werden.

Die Arme werden etwa auf halber Länge zusammengedrückt, der Hasenform angepaßt und am Körper angeklebt. Die Ohren werden nur am oberen und unteren Ende etwas zusammengedrückt und auf dem Kopf befestigt. Bei dieser Arbeitsweise wird natürlich nicht alles ganz gleichmäßig, daß mußt Du in Kauf nehmen.

Vor der Bemalung wird der Hase noch einmal mit einer weißen Papierschicht überzogen und mit Decorlack versiegelt. Die schwarzen Linien werden wie bei der Eule und dem Tukan mit einem Stift gezogen, die Flächen mit Glasmalfarben ausgefüllt. Der Hase erhält runde Augen mit weißem Lichtfleck, eine herzförmige Nase, Mund und Schnurrbart. Er wurde gelb, rot, schwarz, violett und grün bemalt. Ziehe ihm beim Anmalen einfach etwas an: male eine Hose, eine Weste, eine Jacke usw. Durch die angesetzten Arme und Ohren ist die Bemalung aber etwas schwieriger.

Zum Schluß kannst Du noch eine Blüte auf dem Kopf befestigen.

Der Pinguin

Eine schöne glatte und gleichmäßige Form hat der große Pinguin. Er ist aber auch vollkommen anders entstanden.
Als Grundform habe ich ein aufblasbares Schwimmtier verwendet. Nach dem Aufblasen wird der Grundkörper dick mit Vaseline eingerieben. Da die Figur ziemlich groß ist, mußt Du mindestens acht Papierschichten aufbringen, wobei Du aber beachten mußt, daß das Schwimmtier nach dem Trocknen der Papierschichten wieder entfernt werden soll. Deshalb muß an der Stelle, wo sich das Luftventil befindet, eine etwa handgroße Öffnung bleiben. Mit dem Aufbringen der Papierschichten des Körpers beginnst Du am Luftventil. Du mußt immer gleichmäßig nach oben arbeiten und so eine Schicht nach der anderen aufbringen. Wenn Du dickeres Papier wie z.B. Seiten von Illustrierten oder Tapete nimmst, wird der Körper stabiler, es kann aber auch sein, daß er dadurch etwas unregelmäßiger wird. Nach dem vollständigen Trocknen der Figur kannst Du die Luft aus dem Schwimmtier ablassen und es vorsichtig aus dem Hohlkörper ziehen. Die Flügel erweisen sich als etwas problematisch. Du mußt also richtig in den Pinguin hineingreifen und die Flügel des Schwimmtiers vorsichtig herauslösen. Ist das Schwimmtier entfernt, muß das offen gebliebene Loch mit Papierschichten geschlossen werden.

Jetzt wird der Pinguin mit einer Schicht aus weißem Papier beklebt und mit Decorlack grundiert. Die Flächen werden anschließend mit einem 2 mm starken wasserfesten Stift eingeteilt.
Der Pinguin erhält einen schwarzen Frack, der vorn zwei Spitzen hat und hinten ebenfalls in zwei Spitzen ausläuft.
Der Frack des Pinguins bekommt einen gelben Kragen, Knöpfe, darunter sieht man ein weißes Hemd sowie eine rote Schleife. Die Flügel werden gelb und violett gestaltet. Unterhalb des Fracks wird der Körper grün bemalt. Die Füße sind in Orange und Schwarz abgesetzt.

Der Schnabel ist gelborange, die Augen werden oval gemalt, wobei die untere Linie gerade verläuft. Falls Du mit den Augen nicht zurechtkommst, kannst Du auch mit Alleskleber 20 mm große, ovale Wackelaugen aufkleben.

Tip:
Falls sich das Schwimmtier nicht von dem aufmodellierten Pappmaché ablösen läßt, mußt Du den Pinguin wie auf Seite 8 beschrieben seitlich aufschneiden. Beginne dabei am Lufteinblasloch, und schneide mit einer Schere Körper, Kopf und Flügel seitlich auf. Dadurch bekommst Du zwei Hälften, aus denen sich die Plastikform lösen läßt. Sind beide Hälften richtig trocken, verziehen sie sich nicht, und Du kannst sie mit Packband wieder zusammensetzen. Zu ihrer Stabilisierung solltest Du dann noch mindestens zwei Lagen Papier über die Naht kleben.

Die Streifenmaus

Die Maus besteht nur aus zusammengeknülltem Zeitungspapier, ein wenig Bastelkleber und einer fertigen Papiermachémasse (siehe Seite 6).
Modelliere zwei trockene Zeitungsseiten zu einer „Mausform", d.h. Du benötigst eine ovale Form, die im vorderen Bereich zu einer Spitze ausläuft und eine Standfläche hat. Drehe die Spitze noch einmal extra im Uhrzeigersinn zusammen. Sollte das Papier die Form nicht behalten, mußt Du es mit etwas Bastelkleber stabilisieren. Damit die Oberfläche etwas glatter wird, wickeln wir die Grundform noch einmal mit Küchenkrepp ein. Lege die Mausform mit der Spitze nach oben in die Mitte eines Küchentuchs. Nun werden die Ecken des Tuchs fest zusammengedreht, sie ergeben die Mauseschnauze. Probiere es einmal ohne Kleber aus, denn bevor das Tuch verwendet wird, muß auf seiner Fläche etwas Klebstoff verteilt werden. Das Küchentuch muß gut an der Zeitung haften, die Spitze sollte besonders gut geklebt werden.

Überstehendes Küchentuch kann jetzt nachgeschnitten werden.
Aus einem weiteren Küchentuch entsteht der Schwanz. Falte es dafür einmal längs und einmal quer zusammen, dann wird es in der Diagonale fest zusammengedreht. Wenn Du die Schwanzform geübt hast, kannst Du sie mit etwas Klebstoff stabilisieren und dabei in Form drehen. Damit sich der Schwanz etwas biegen läßt, kann vorher ein Pfeifenputzer eingelegt werden. Schneide den Schwanz jetzt auf die gewünschte Länge zu, und klebe ihn an der Maus fest. Die Ohren bestehen aus einem halben Küchentuch. Falte es einmal zur Mitte, dann längs und quer. Bevor es ein kleines Quadrat ergibt, wird es innen mit etwas Klebstoff bestrichen, so erhöht sich die Festigkeit des Tuches. Aus dem Quadrat wird die Ohrenform geschnitten. Damit sich die Ohren der Mausform besser anpassen, muß unten eine Rundung geschnitten werden. Klebe die Ohren flächig am Kopf der Maus an. Nachdem die Grundform fertig ist, wird sie mit der Papiermachémasse überstrichen.

Streiche die Maus zuerst oben ein. Die Ohren sollten beim ersten Mal entweder nur vorn oder hinten bearbeitet werden (vgl. Eule, Seite 12). Nach dem Trocknen kannst Du die restlichen Stellen einstreichen. Hast Du das Küchentuch nicht richtig an den Papierkörper geklebt, löst es sich ab, wenn es mit der Papiermachémasse beschichtet wird.

Ist die Maus zwei- bis dreimal mit dem Papiermaché überstrichen worden, kannst Du sie gut durchtrocknen lassen und mit weißem Decorlack grundieren. Die Einteilung der Streifen erfolgt mit einem schwarzen, wasserfesten Stift, danach können die Flächen mit gelber, roter und grüner Glasmalfarbe ausgemalt werden. Die Maus erhält eine schwarze Nasenspitze, einen Bart und Augen. Du kannst auch Wackelaugen aufkleben.

Hahn und Henne

Hahn und Henne werden genauso wie die Maus gemacht: Zeitungspapier wird zu einer festen Kugel zusammengeknüllt und mit Klebstoff verfestigt, so erhält es eine Standfläche. Damit die Oberfläche etwas glatter ist, werden Hahn und Henne genau wie die Maus mit einem Küchentuch, auf dem vorher etwas Klebstoff verteilt wurde, kaschiert. Dieses Mal kommt die Rundung nach unten ins Tuch, und die Zipfel werden an der Standfläche gut festgeklebt. Sollte das Tuch unten nicht reichen, kannst Du die fehlenden Stellen mit einem zweiten Tuch ergänzen.

Die Schnäbel wurden wie die Nase des Schneemanns aus einem Küchentuch gedreht und mit Klebstoff verfestigt. Der hintere Bereich wird nachgeschnitten, danach kannst Du die Schnäbel oberhalb der Mitte an den Papierkugeln festkleben. Beachte, daß der Hahn einen etwas größeren Schnabel erhält.

Der Hahnenkamm ist ein auf die Größe eines Taschentuchs zusammengelegtes Küchentuch. Damit die Grundform stabiler wird, kannst Du beim Zusammenlegen etwas Bastelkleber dazwischenstreichen.

(Fortsetzung Seite 22)

Besonders wichtig ist das vor dem letzten Bruch. Der Kamm wird zugeschnitten und am Grundkörper von Henne bzw. Hahn festgeklebt.
Nun wird die Papiermachémasse aufgebracht, und dann muß das Ganze gut durchtrocknen. Danach mit weißem Decorlack grundieren. Mit dem wasserfesten Stift werden der Schnabel und der Kamm umrandet, die Flügel gemalt und eingeteilt. Hahn und Henne erhalten runde Augen, die ebenso wie die Augenklappe aufgemalt werden. Die Grundfarbe des Körpers ist Gelb, Schnabel und Kamm werden rot ausgemalt, die Flügel sind abwechselnd grün und blau.

Der Maulwurf

Der Maulwurfkopf wird so ähnlich wie die Grundform der Maus (Seite 20) gearbeitet. Er ist nur nicht ganz so groß, d.h. Du brauchst nur eine Zeitungsseite zum Modellieren. Seine Schnauze wird nicht ganz so spitz, aber etwas länger gearbeitet. Es wird auch keine Standfläche benötigt. Ist die Grundform aus Zeitung fertiggestellt, mußt Du den Kopf insgesamt noch mit einer Lage Küchentuch versehen.
Der Körper besteht aus zwei Zeitungsseiten. Knülle die erste fest zusammen, und umhülle sie dann mit der zweiten Seite, so daß ein dicker, ovaler Körper entsteht, der oben und unten eine Standfläche hat. Umhülle den Grundkörper möglichst glatt mit Küchenkrepp. Denke daran, daß der Krepp auf dem Grundkörper kleben muß. Aus einer halben Zeitungsseite werden jetzt die vorderen, schaufelförmigen Pfoten angefertigt. Dazu muß das Blatt einmal quer zur Mitte gefaltet werden. Klappe dann seitlich 2 cm um, und falte das Blatt mehrmals zusammen, so daß ein etwa 2 cm breiter und 25 cm langer Streifen entsteht. Da die Beine dicker sein müssen, benötigst Du dafür eine ganze Zeitungsseite. Falte sie zur Mitte, klappe dann 3 cm um und wickele einen etwa 3 cm breiten und 25 cm langen Streifen daraus. Damit die Streifen bei der weiteren Bearbeitung nicht wieder auseinandergehen, wird vor der letzten Lagen etwas Bastelkleber aufgetragen.
Die Streifen werden nun hinten um den Grundkörper gelegt und angeklebt. Sie bilden die Beine und die Schaufeln.
Um die Beine noch besser herauszuarbeiten, kannst Du zusätzlich noch etwas Küchenkrepp auf Fußgröße zusammenfalten und ankleben. Nun wird nur noch der Kopf mit dem Grundkörper verbunden, und der Maulwurf kann mit der Papiermachémasse überstrichen werden. Wenn er richtig durchgetrocknet ist, wird er mit weißem Decorlack grundiert. Dann können mit dem wasserfesten Stift Schaufeln, Fußsohlen und Kleidung vorgezeichnet und mit Glasmalfarben ausgemalt werden.
Der Maulwurf erhält eine schwarze Nasenspitze, einen Mund und gemalte Augen oder ovale Wackelaugen von etwa 1,5 cm Länge.
Nimm die Gesichtseinteilung auf dem weißen Gesicht vor, erst danach wird der Kopf graubraun bemalt.

Der Elefant

Beginne mit dem Kopf des Elefanten wie beim Maulwurf. Knülle eine Zeitungsseite fest zusammen. Wickle diesen Grundkörper in eine zweite Seite ein, diesmal muß dabei der lange Rüssel entstehen. Du kannst zusätzlich einen etwa 10-15 cm langen, stärkeren Blumendraht in den Rüssel einarbeiten. Umwickle alles nun möglichst faltenfrei mit Küchentuch, und klebe es am Grundkörper fest.

Die Ohren werden wie bei der Maus angefertigt und am Kopf angeklebt. Der Elefant erhält einen dicken Zeitungspapierkörper, der etwa 9-10 cm hoch ist und oben und unten jeweils eine Standfläche hat.
Dieser Grundkörper wird zusätzlich mit Küchentuch kaschiert und kann dann mit dem Kopf verklebt werden.
Um die Standfestigkeit zu erhöhen, werden vorn Füße angeklebt, die genau wie die Ohren angefertigt werden und unter dem Körper enden.

Für die Arme brauchst Du noch eine Zeitungsseite, die einmal zur Mitte gefaltet wird. Danach mußt du 3 cm umklappen und einen Streifen wickeln. Dieser wird am Rücken festgeklebt, vorn entstehen durch mehrmaliges Umschlagen und Festkleben die Vorderbeine.
Der Grundkörper wird mit der Papiermachémasse verfestigt und nach dem Trocknen grundiert. Mit dem wasserfesten Stift werden Gesicht und Körper eingeteilt. Danach kann gemalt werden!

Der Bär

Der Bärenkopf wird aus zwei Zeitungsseiten modelliert. Sie werden fest zusammengeknüllt und mit einer Lage Küchentuch versehen. Denke daran, daß das Küchentuch gut am Untergrund festgeklebt werden muß.Die Ohren werden wie bei der Maus (Seite 20) gearbeitet. Der Körper ist etwa 10 cm hoch, 10 cm breit und etwa 8 cm tief. Er erhält unten eine Standfläche und wird möglichst glatt mit einem Küchentuch ummantelt.

Die Arme kannst Du ebenfalls aus Zeitung und Küchentuch formen und am Körper festkleben.
Der Körper wird zwei- bis dreimal mit der Papiermachémasse überzogen.
Denke daran, daß zunächst nur eine Seite der Ohren bestrichen werden darf, sonst bleiben sie nicht stehen.
Nach dem Trocknen kannst Du die zweite Seite einstreichen.

Die Bemalung erfolgt wie bei den anderen Figuren: zunächst wird mit weißem Decorlack grundiert, das Gesicht und die Hände erhalten eine Grundierung mit hautfarbenem Decorlack. Danach kann die Einteilung des Gesichts und der Teddykleidung mit einem wasserfesten Stift vorgenommen werden.
Der Teddy erhält braune Augen mit einem weißen Lichtfleck, die auch durch runde Wackelaugen mit 15 mm Ø ersetzt werden können. Die Bekleidung wird mit Glasmalfarben gemalt.

Die Katzenmutti

Die Katzenmutti wird ähnlich wie der Teddy gearbeitet. Ihr Kopf ist etwas kleiner, d.h. Du benötigst nur etwa eine halbe Zeitungsseite. Er wird ebenfalls mit einer Lage Küchentuch versehen. Für die Ohren mußt Du ein Küchentuch zu einem Streifen von 2 cm Breite zusammenfalten. Bevor Du es zum letzten Mal umschlägst, mußt Du etwas Klebstoff auftragen, dann werden die Ohren stabiler. Schneide zwei Dreiecke in Ohrgröße von dem Streifen ab, und klebe ihre längste Seite am Katzenkopf fest. Du kannst die Ohren dabei etwas zusammendrücken, so wölben sie sich. Der Körper wird nicht ganz so dick wie beim Teddy gearbeitet. Du brauchst dazu zwei Zeitungsseiten, die fest modelliert und mit einer Lage Küchenkrepp kaschiert werden müssen. Denke daran, daß alles gut geklebt werden muß!

Jetzt werden noch Beine, wie bereits beim Elefanten (Seite 23) beschrieben, modelliert und angeklebt.
Die Arme werden aus Küchenkrepp geformt, das mit einer festen Einlage aus Papier versehen wird.
Bei der Katzenmutti habe ich noch zusätzlich je eine Wattekugel mit einem Durchmesser von 15 mm als Pfötchen an den Armen festgeklebt.
Die Katze erhält auch noch einen Schwanz, der wie der der Maus gearbeitet und festgeklebt werden muß (Seite 20).

Ist der Grundkörper fertig, muß er mit der Papiermachémasse überzogen werden.
Nach dem Trocknen wird weiß grundiert und mit einem Stift eingeteilt.
Die Katze erhält grüne Augen, eine schwarze Nase und einen roten Mund. Ich habe ihr eine gelbe Schürze mit großen Taschen gemalt. Darin befinden sich zwei kleine Kätzchen.

Briefbeschwerer

Wie oft hast Du in Deinen Ferien schöne Steine gesammelt und mit nach Hause genommen. Verarbeite sie doch mit Papiermaché zu Briefbeschwerern, die Du Deinen Verwandten zum Geburtstag schenken kannst.

Der Kürbis (vorne im Bild)

Ein flacher, ovaler Stein wird mit zwei Zeitungsseiten ummantelt. Behalte dabei die flache Form bei. Danach wird mit einer Lage Küchentuch kaschiert. Gib dazu etwas Bastelkleber in das Küchentuch, lege die Kürbisform in die Mitte, und verklebe das restliche Tuch. Versuche, den oberen Bereich etwas nach innen einzudrücken. Danach erhält der Kürbis noch einen Stiel und eine Nase aus Küchentuch. Jetzt wird seine Oberfläche mit zwei bis drei Schichten Papiermachémasse versehen.

Die Grundform wird ockerfarbig grundiert. Zarte braune Streifen deuten die Kürbisform an. Er erhält eine rote Nase und einen kleinen roten Mund. Der Stiel wird braun gemalt. Die Augen malst Du mit einem wasserfesten Stift auf, sie sind braun und erhalten einen weißen Lichtfleck. Ovale Wackelaugen, die senkrecht angeklebt werden, könnte ich mir auch gut vorstellen. Sie müßten eine Länge von 20 mm haben.
Nach dem Trocknen klappert der Stein im Briefbeschwerer.

Das Zwiebelchen (hinten im Bild)

Gearbeitet wird genau wie beim Kürbis. Du brauchst einen runden Stein, der in zwei Zeitungsseiten gewickelt wird.
Der Grundkörper wird mit Küchentuch ummantelt, die Küchentuchenden laufen oben zu einer Zwiebelspitze zusammen und werden mit etwas Bastelkleber verfestigt. Aus Küchenkrepp wird eine spitze Nase geformt und angeklebt. Wenn Du nicht mehr weißt, wie das geht, dann schaue beim Schneemann (Seite 14) nach. Nun kannst Du alles mit Papiermachémasse überstreichen.
Nach dem Trocknen wird ockerfarbig grundiert. Mische in die Farbe etwas Weiß, dann wird das Zwiebelchen heller als der Kürbis. Die Augen und der große Mund werden mit dem wasserfesten Stift angelegt. Male eine rote Nase und rote Bäckchen. Die Zwiebelspitze wird grün. Schwarze Streifen deuten Schichten der Zwiebelhäute an.

Die Schnecken

Das Schneckenhaus besteht aus einer mit Küchenkrepp beschichteten 15 mm großen Wattekugel. Der Körper wird nur aus Küchentuch angefertigt. Beides klebst Du zusammen und beschichtest es mit der Papiermachémasse. Der Grundkörper wird hellocker grundiert und bemalt. Das Schneckenhaus ist dunkler und wird mit Linien versetzt.

Das Radieschen

Das Radieschen besteht ebenfalls aus einer mit Küchentuch kaschierten Wattekugel. Das Küchentuch läuft unten zu einer Spitze aus und bildet die Radieschenwurzel. Das Radieschen wird rot grundiert und mit einem Gesicht bemalt. Oben klebst Du grüne Blätter aus Filz an, deren Schnitt Du auf dem Vorlagenbogen findest.

Papiermaché-Schmuck

Einfache Formen und leuchtende Farben wirken bei Schmuck aus Papiermaché am schönsten. Die leichten Unebenheiten des Materials können bei der Bemalung ausgenutzt werden.

Geometrische Schmuckteile

Die geometrischen Schmuckteile wurden überwiegend aus grauerr Verpackungs-Wellpappe, Küchentuch und Papiermachémasse angefertigt. Sie können an Lederbänder geknotet oder als Anstecker getragen werden. Die Grundformen kannst Du dem Vorlagenbogen entnehmen. Jede Form muß doppelt aus Wellpappe zugeschnitten und zusammengeklebt werden. Dabei können die gewellten oder glatten Seiten innen liegen, beides sieht gut aus. Nun wird mit der Lochzange ein Loch für die Aufhängung eingestanzt und das Teil auf einem Holzspieß befestigt. Danach werden die Grundformen beidseitig mit der Papiermachémasse eingestrichen. Nach dem Trocknen kannst Du sie noch ein- bis zweimal überstreichen. Alles wird mit weißem Decorlack grundiert. Mit dem schwarzen wasserfesten Stift kannst Du ein Grundmuster anlegen, das dann mit Glasmalfarben ausgemalt wird.

Perlen und Röllchen

Du benötigst Wellpappestreifen, 3,5 cm breit und 7 cm lang. Diese werden locker mit der gewellten Seite nach außen auf einen Holzspieß gewickelt und am Ende verklebt. Nach zwei- bis dreimaligem Überstreichen mit der Papiermachémasse läßt Du sie gut trocknen. Die Perlen dann weiß grundieren und Farbstreifen,-tupfer, Striche oder Wellenlinien mit schnellen Pinselstrichen auftragen. So erhalten sie ein reizvolles Dekor. Sie können auf Lederbänder gefädelt werden. Du kannst sie aber auch mit anderen Perlen kombinieren.

Armreifen und Anhänger

Die beiden Modelle, die ganz oben links auf Seite 29 abgebildet sind, verbergen eine Modellierform aus Moosgummischnur in sich. Die Moosgummischnur von 8-10 mm Stärke wird mit Alleskleber zu einem

Ring zusammengefügt. Die Länge muß vorher ausgemessen und auf Deinen Armumfang abgestimmt werden. Danach wird Küchentuch zu einem etwa 2 cm breiten Streifen zusammengefaltet, am Moosgummi befestigt und gleichmäßig darumgewickelt. Dabei noch mehrmals Kleber auftragen. Nach Überstreichen mit der Papiermachémasse und dem Trocknen mit Decorlack grundieren, das Muster mit dem wasserfesten Stift malen und mit Glasfarben ausfüllen.

Sonne, Mond und Schmetterlinge

Diese Teile wurden in einer Gipsform gegossen (siehe Seite 40). Die Bemalung erfolgt ebenso wie bei den anderen Teilen: Nach der Grundierung mit weißer Farbe werden die Teile passend zu ihrer Grundform mit Glasmalfarben bemalt. Dabei kann auch Glitter verwendet werden. Auf der Rückseite habe ich selbstklebende Anstecknadeln befestigt.

Duftende Anhänger mit Filz

Löwe, Schmetterling, Maus, Schildkröte, Frosch, Apfel, Birne, Zitrone und das Radieschen auf Seite 26 wurden nach dem gleichen Prinzip hergestellt: Die Köpfe wurden aus Papiermaché angefertigt, grundiert und bemalt. Für jeden Kopf benötigst Du eine Wattekugel mit 15 mm Durchmesser. Sie wird auf einem Holzspieß befestigt und mit einem zweimal zusammengelegten Küchentuch umhüllt. Trage vor dem Umhüllen etwas Bastelkleber auf. Die Küchentuchenden werden fest um das Holzstäbchen gewickelt und mit einem dünnen Faden oder Draht befestigt. Daraus entsteht der Hals. Nun wird mit Papiermachémasse überstrichen. Nach dreimaligem Auftrag ist der Kopf fertig und kann grundiert und bemalt werden. Die Anhänger erhalten einen Körper aus Filz, dessen Grundform auf dem Vorlagenbogen zu finden ist. Dieser Grundkörper muß ohne Nahtzugabe zweimal aus Filz zugeschnitten werden. Er wird mit Perlgarn im Langettenstich umnäht. Das ist gar nicht so schwierig, wie es sich anhört: sieh Dir die Skizze auf dem Vorlagenbogen an. Vielleicht kann auch die Mutti helfen. Fange immer im oberen Bereich mit dem Nähen an, nähe von links nach rechts, und stich etwa 1 cm tief in den Filz ein. Laß aber eine Öffnung für das Füllmaterial offen. Der Körper wird mit Puppenfüllwatte ausgestopft. Nimm dazu einen Kochlöffelstiel, und schiebe die Füllwatte ganz nach unten in die Figur. Ein wenig Füllwatte kannst Du mit drei Tropfen Duftöl betropfen, dann verbreiten Deine Anhänger über lange Zeit einen angenehmen Duft. In die obere Öffnung kommt der Hals, er wird zum Schluß angeklebt. Die Köpfe werden noch mit Filz oder Fellresten gestaltet und erhalten eine Aufhängeschlaufe, ebenfalls aus Filz.

Apfel, Birne und Zitrone

Den Kopf ockerfarben mit Decorlack grundieren. Mit einem feinen Stift wird das lustige Gesicht aufgemalt. Die Früchtchen erhalten einen roten, lachenden Mund und braune Augen mit einem weißen Lichtpunkt oder wahlweise kleine Wackelaugen. Die Köpfe mit grünen Blättern bekleben und einen Filzanhänger daran befestigen. Birne und Zitrone erhalten noch einen grünen Schal, Apfel und Birne einen grünen Blütenansatz, der aus einem kleinen quadratischen Filzstück besteht und angeklebt wird.

Die Maus

Körper und Kopf sind aus grauem Filz. Sie erhält grau-weiße Ohren, eine weiße Fliege, einen grauen Aufhänger und ein Stück Lederband als Schwanz.

Der Löwe

Der Körper aus Filz ist gelb. Der Löwe erhält einen ockerfarbenen Kopf, der nach vorn etwas spitz ausläuft. Er hat einen etwa 7 cm langen, 6 mm breiten orangefarbigen Schwanz mit Fellquaste, eine Fellmähne und aufgeklebte Filztatzen.

Der Frosch

Die Grundform ist grün, sie wird mit den orangefarbenen Froschbeinen beklebt. Der Kopf ist graugrün bemalt und wird mit einem breiten Maul und großen Froschaugen versehen. Der Frosch hat eine gelbe Filzkrone. Die Filzgrundform wird an Armen und Beinen so zusammengeklebt, daß der Frosch eine sitzende Haltung hat.

Der Schmetterling

Die Grundform ist violett. Der ockerfarbene Kopf mit orangefarbigen Hörnern aus Filz sowie ein gelber Schal machen den Schmetterling komplett.

Die Schildkröte

Die Schildkröte hat einen rosa Körper. Sie erhält außerdem einen grünen Schwanz, einen Panzer mit Tragegurt aus grünem Filz sowie eine Mütze.

Stabpuppen

Wie bereits erwähnt (Seite 6), gibt es auch spezielle Papiermachémassen für Puppen. Sie sind bereits fertig angerührt, ihre Papierbestandteile sind feiner vermahlen, und sie enthalten Füllstoffe, dadurch wird schneller eine dickere Schicht gebildet. Die Masse gibt es in verschließbaren Behältern, nach längerem Stehen setzt sich das darin enthaltene Wasser von der eigentlichen Masse ab. Alle nachfolgenden Beispiele wurden mit dieser Masse gearbeitet, wobei ich aber nur den dicken Bodensatz verwendet habe.

Für die Stabpuppen benötigst Du pro Puppe:

- *je einen Holzstab von 20-25 cm Länge, 10 mm Breite und 3 mm Stärke*
- *ein Küchentuch*
- *Papiermachémasse*
- *Farben, Filz, Fellreste und einige Knöpfe*
- *Bastelkleber*

Das Küchentuch wird einmal zur Hälfte zusammengefaltet, die offene lange Seite wird nun 3 cm breit umgeschlagen und zu einem Streifen aufgewickelt.
Trage vor dem letzten Umschlag etwas Bastelkleber auf. Bevor Du alles ganz zusammenklebst, wird die Holzleiste an einer Seite senkrecht mit eingelegt. Der Küchentuchstreifen wird nun fest um den Holzstab gewickelt und am Ende festgeklebt. Fertige mehrere Stabpuppenköpfe an, und versuche, jeden Kopf etwas anders zu wickeln, so daß verschiedene Formen entstehen. Je nachdem wie Du das Küchentuchende befestigt hast, entstehen Nasen, Hüte oder Frisuren. Du kannst die Köpfe auch noch mit der Hand etwas nachformen. Jetzt werden sie in die verdickte Papiermachémasse getaucht, und es entstehen die unterschiedlichsten Formen. Feinheiten kannst Du noch besser herausarbeiten, wenn Du die Masse mit dem Pinsel mehrmals auftupfst und zwischendurch immer wieder trocknen läßt. Nach dem Trocknen werden die Köpfe mit weißem Decorlack grundiert und die Gesichter mit einem feinen, schwarzen wasserfesten Stift gemalt. Sie bekommen dabei auch aufgemalte Hüte, Haare und die unterschiedlichsten Nasen. Danach wird mit Glasmalfarben ausgemalt.

Die Figuren erhalten alle den gleichen Grundkörper aus Filz (siehe Vorlagenbogen). Der Filz muß dazu doppelt zugeschnitten und mit der Nähmaschine genäht werden.
Den Grundkörper wenden, bügeln, dann kann der Stab mit dem Puppenkopf eingeklebt werden. Beidseitig klebst Du noch hautfarbene Filzhände auf. Danach wird mit Knöpfen, Fellresten und Filz dekoriert.

Weihnachtskrippe

Für die Krippenfiguren benötigst Du einen Kopf, der genau wie der Kopf der Filzanhänger gearbeitet wird (Seite 30).
Die Körper bestehen aus Wellpappestreifen (8 cm hoch und 12 cm lang), die zu einer Röhre zusammengeklebt wurden.
Je nachdem, wie glatt die Körper werden sollen, ist die gewellte Seite außen oder innen. Der Kopf wird oben auf die Röhre geklebt.
Die Arme entstehen ebenfalls aus zwei Wellpappestreifen von 15 cm Länge und 2 cm Breite, die zugeschnitten und mit den gewellten Seiten nach innen zusammengeklebt werden.
Das Streifenende wird rundgeschnitten und ergibt nachher die Hände. Die Arme werden oben am Rücken festgeklebt, die Armstellung kann variieren. Das Jesuskind wird aus einer Wattekugel mit 15 mm Durchmesser und einer kleinen Wellpapperolle angefertigt, die aus einem Streifen von 4,5 cm Höhe und 10 cm Länge fest zusammengewickelt und verklebt wurde.
Alle Figuren, also Maria, Josef, Christuskind und die Heiligen Drei Könige, werden mit der Papiermachémasse verfestigt.
Die Köpfe und Hände kannst Du hautfarben, ocker und braun grundieren und das Gesicht jeweils mit einem schwarzen Stift vorzeichnen.
Mund, Augen und Haare werden anschließend mit Glasmalfarben aufgemalt. Die Körper erhalten die Farbe der jeweiligen Bekleidung, Taschen, Kragen, Knöpfe usw. werden schwarz herausgehoben.
Für die Krippe benötigst Du ein halbes Osterei (Herstellung siehe Seite 40). Vier Wattekugeln von 15 mm Durchmesser werden als Füße daruntergeklebt, das Ganze kannst Du mit brauner Glasmalfarbe grundieren.

Tip:
Für den Stall verwendest Du am einfachsten einen alten Schuhkarton, der auf die Längsseite gestellt wird. Du kannst aber auch Wellpappe nehmen, die, wie aus den Skizzen ersichtlich, an den Seiten zusammengeklebt und mit einer Rückwand und einem Dach versehen wird.

Dazu benötigst Du:

- *Einen Streifen Verpackungswellpappe: 20 cm x 62 cm für Bodenwände und Seitenwände (Skizze 1)*
- *eine Rückwand nach Maß (Skizze 2)*
- *einen Streifen Wellpappe von 20 cm x 50 cm für das Dach.*

Letzterer wird in der Mitte zusammengefaltet und zusammengeklebt, so ergibt sich die Dreiecksform für den Giebel. Das Dach wird auf den Grundkörper geklebt.
Am besten arbeitest Du mit Bastelkleber.

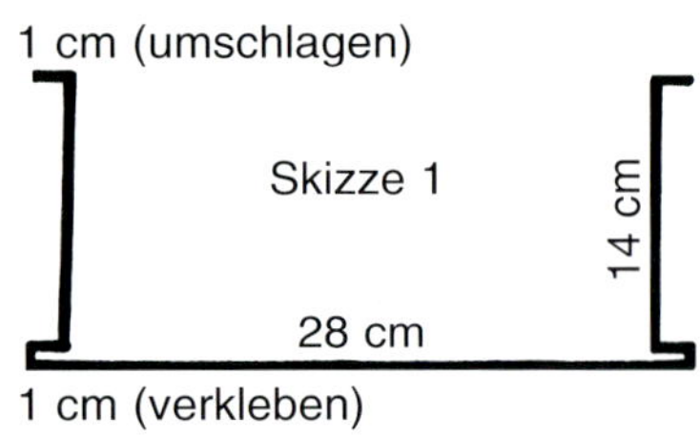

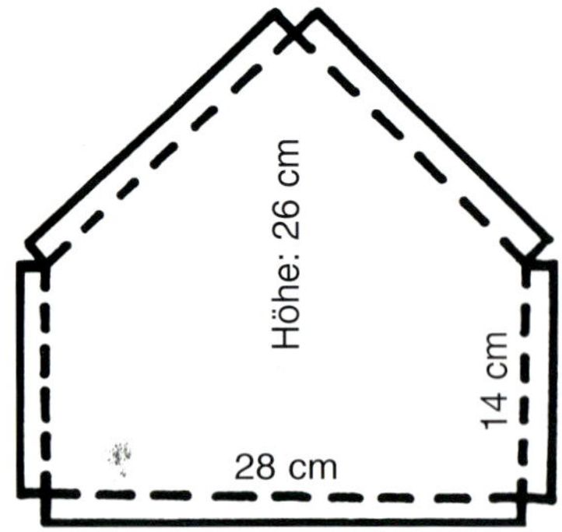

An allen Kanten je 1 cm zugeben und nach vorn umschlagen

Indianer

Genau wie die beiden Püppchen im Puppenwagen (Seite 9) haben die Indianer einen einfachen, runden Papiermachékopf. Der Kopf des kleinen Indianerbabys besteht aus einer Wattekugel (20 mm Ø), sie wird doppelt mit einem Küchentuch ummantelt und mit Papiermachémasse eingestrichen. Alle anderen Köpfe wurden aus Zeitungspapier in der entsprechenden Größe modelliert und zuletzt mit einer Lage Küchentuch kaschiert. Denke daran, daß Du einen Hals einarbeiten mußt. Verfestigt wird mit Papiermachémasse. Nach dem Trocknen wird der Kopf ockerfarbig grundiert, bemalt und mit einem Filzkörper versehen. Dieser wird mit Puppenfüllwatte ausgestopft.

Schnittmuster für vier verschieden große Puppenkörper findest Du auf dem Vorlagenbogen.

Der Filzkörper wird doppelt aus hautfarbenem Filz zugeschnitten. Genäht wird mit Langettenstich (siehe Seite 30). Danach wird mit Puppenfüllwatte ausgestopft. Denke daran, daß die Halsöffnung zum Einkleben des Kopfes offen bleiben muß. Die Bekleidung kannst Du ebenfalls aus farbigem Filz gestalten. Schnitte befinden sich auf dem Vorlagenbogen. Einige Nähte müssen mit Langettenstich genäht werden, die Verzierungen aus Filz sind einfach angeklebt.

Die Haare bestehen aus Lammfellresten, die mit Bastelkleber am Kopf befestigt werden. Für die Indianer habe ich nur schwarzes, gelocktes Lammfell verwendet, das durch farbige Stirnbänder aus Filz unterteilt wird. Rotes oder violettes Lammfell, Zöpfe oder geschnittene Haare ergeben eine vollkommen anderen Eindruck (siehe Püppchen im Puppenwagen, Seite 9).

Puppen zum Spielen aus Zeitungspapier (Abb. Seite 39)

Mit diesen Puppen kann man auch spielen! Köpfe, Arme und Beine der beiden großen Spielpuppen wurde aus Zeitungspapier, Küchentuch und Klebstoff modelliert und mit Papiermachémasse verfestigt. Falls Du Lust hast, Deine erste größere Puppe aus diesen einfachen Materialien anzufertigen, benötigst Du etwa drei Doppelseiten einer Tageszeitung, die fest zusammengeknüllt den Kopf ergeben. Damit Du den Kopf besser bearbeiten kannst, muß ein Haltestab von 10 mm Durchmesser in die Mitte des Grundkörpers geschoben werden. Arbeite auch einen Hals. Das Ganze wird nun möglichst faltenfrei mit einem Küchentuch kaschiert, vergiß aber nicht, vorher Bastelkleber aufzutragen. Aus einem Stück Küchentuch wird die Nase geformt und im Gesicht angeklebt. Da die Puppen mit der Hand geformt werden und dadurch recht viele Unebenheiten aufweisen, ist es nicht so schlimm, wenn die Nase auch einmal ein bißchen größer ausfällt.

Der Kopf kann dreimal mit der verdickten Puppengießmasse überstrichen werden und muß längere Zeit trocknen. Die Grundierung erfolgt mit hautfarbenem Decorlack, danach werden Augen und Mund aufgemalt.

Die Hände entstehen jeweils aus zwei Küchentüchern. Falte ein Küchentuch wie ein Taschentuch zusammen, und klappe die Seiten zu jeweils einem Drittel nach innen um. Stabilisiere es mit Klebstoff, daraus ergeben sich die Handflächen. Das zweite Tuch wird einmal zur Mitte und danach noch einmal längs zu einem Streifen gefaltet. Für jede Hand benötigst Du einen Haltestab von 10 mm Durchmesser, der später wieder entfernt werden muß.

Lege nun den Rundstab etwa 1 cm in die Handfläche, umwickle das Ganze mit dem Küchentuchstreifen, und vergiß nicht das Kleben. Daraus ergeben sich das Handgelenk und der Unterarm. Die Handfläche wird zurechtgeschnitten und etwas nach innen gebogen, so entstehen eine rechte und eine linke Hand. Die Beine modellierst Du aus einer kleinen, ovalen Papierkugel, die etwa der Fußgröße entspricht. Sie wird in die Mitte einer zur Hälfte zusammengeklappten Zeitungsseite gelegt. Zusätzlich wird auch noch ein Rundstab eingelegt. Schlage die Zeitung in Richtung des Rundstabes um, und falte ihre Ecken zweimal schräg nach oben. Danach steht der Stab senkrecht zum Fuß. Die Seiten werden nach vorn umgeklappt und festgeklebt. Das Ganze wird noch etwas verstärkt, mit einem Küchentuch ummantelt und dreimal mit Papiermachémasse eingestrichen. Nach dem Trocknen werden die Teile mit hautfarbenem Decorlack grundiert und die Gesichter bemalt. Die Schuhe werden braun bzw. weinrot gemalt. Die Körper bestehen aus hautfarbenem Filz, sie werden mit der Nähmaschine genäht und mit Puppenfüllwatte ausgestopft. Damit die Puppen Arme und Beine bewegen können, werden Gelenke genäht, d.h. die Teile bis zu der im Schnittmuster eingezeichneten Gelenknaht ausstopfen, dann die Naht absteppen und die Gliedmaßen vollständig ausfüllen. Aus Händen, Füßen und Kopf die Haltestäbe entfernen und die Puppenteile mit Bastelkleber in den Körper kleben.

Gießen in Gipsformen

(Seite 40-47)

Für die Oster- und Weihnachtsanhänger (Seite 40-45) werden einfache einteilige Gipsformen angefertigt, in die die Papiermachémasse gegossen wird. Somit ist es Dir möglich, beliebig viele Gießteile eines Modells zu gießen.

Anfertigung der Gießform

Das Modell, das später gegossen werden soll, kann aus einer lufttrocknenden Modelliermasse geknetet oder ausgestochen werden. Du kannst die Modelliermasse auch in eine Reliefgießform drücken und so Modelle für die Gipsform anfertigen. Halbschalen, wie auf Seite 41 abgebildet, ergeben sich, wenn man teilbare Plastikfiguren direkt in die Gipsmasse legt. Da diese Figuren sehr leicht sind, müssen sie beschwert werden.

Die Modelle für die anzufertigende Gipsform sollten möglichst einfach sein. Sie dürfen außerdem keine größeren Ausbuchtungen haben, d.h. alle Teile sollen sich nach oben verjüngen, sonst läßt sich das Gießteil später nicht entformen. Arbeite zuerst mit teilbaren Plastikfiguren oder Reliefgießformen, dann kann nichts schiefgehen.

Für die Anfertigung einer Gießform benötigst Du:

- *Modellgips*
- *einen Anrührbecher und einen kleinen Schneebesen*
- *als Form: ein einfaches Plastikgefäß, das einen geraden Boden aufweist und sich nach oben etwas verbreitert*
- *Salatöl als Trennmittel*
- *Pinsel*

Körper- und Kleiderschnitte befinden sich auf dem Vorlagenbogen. Als Frisur kannst Du Kunsthaarlocken aufkleben oder die Frisuren aus Wolle gestalten.

Lege zuerst das Modell auf den Boden der Form, es dürfen keine Zwischenräume vorhanden sein. Das Modell und die Form werden nun dünn mit Öl eingepinselt. Fülle den Gipsbecher zur Hälfte mit Wasser, und gibt löffelweise Gips dazu, bis ein Berg entsteht. Das Mischungsverhältnis beträgt ein Drittel Wasser zu zwei Drittel Gips. Laß die Masse eine Minute stehen, und rühre den Gips langsam glatt. Es entsteht ein Brei, der keine Luftblasen enthalten darf. Die Masse wird nun langsam direkt auf das Modell gegossen und muß es etwa 1 cm hoch bedecken. Sollte Dein Gipsbrei nicht ausreichen, kannst Du noch einmal neuen anrühren und die Masse dazugießen. Nach etwa 2-3 Stunden kann die Form vorsichtig gestürzt und das Modell entfernt werden. Die Ränder der Gipsform können mit einem Messer vorsichtig versäubert werden. Bevor weitergearbeitet werden kann, muß die Form richtig austrocknen, das dauert mehrere Stunden.

Das Gießen

Zum Gießen verwendet man flüssige Papiermachémasse für Puppen, die vorher gleichmäßig ohne Luftblasenbildung aufgerührt wird. Fülle sie langsam in einen Gießbehälter mit Ausguß um, stoße den Behälter noch einmal auf dem Tisch auf, und lasse ihn noch eine Minute stehen, damit die Luftblasen entweichen können. Die Masse wird dann in die Gipsform gegossen, der Gips entzieht der Masse das Wasser, und es bildet sich schnell eine Papiermachéschicht. Du mußt die Masse mehrmals nachgießen, dadurch wird der Rohling dicker. Papiermaché schrumpft beim Trocknen um etwa 5%, so daß es sich gut aus der Form entfernen läßt. Laß das Gießteil aber nicht ganz trocknen, sondern entferne es im lederharten Zustand.

Die Gießform kann gleich wieder zum erneuten Gießen verwendet werden. Falls sehr viele Teile gegossen werden, muß sie zwischendurch trocknen.
Wenn der Rohling richtig getrocknet ist, wird er mit einem Messer versäubert und kann mit weißem Decorlack grundiert und danach bemalt werden.

Osterküken und -eier

Da diese Osteranhänger noch floristisch dekoriert werden, sind sie etwas schwieriger zu arbeiten, aber vielleicht kannst Du Dir dabei helfen lassen. Man benötigt zwei verschiedene Gipsformen. Als Modell nahm ich ein teilbares Plastikei und ein Plastikküken. Die Anfertigung der Gießform ist etwas anders als oben beschrieben, denn der Gipsbrei wird zuerst in den Behälter gegossen. Das Modell wird dann direkt in den Gips gelegt und bleibt darin, bis der Gips vollständig ausgehärtet ist. Da dieses Modell sehr leicht ist und auf dem Gips schwimmt, wird es beschwert. Nach der Anfertigung von Gießformen lassen sich damit viele Halbschalen aus Papiermaché gießen. Die Gießmasse wird, wie bereits beschrieben, langsam in die trockene Gießform gegossen. Nach dem Trocknen und Versäubern der Gießteile werden sie mit weißem Decorlack grundiert. Die Grundgestaltung erfolgt mit einem schwarzen wasserfesten Stift, danach wird mit Glasmalfarben gemalt. Die Rückseite der Hohlkörper habe ich mit grüner Kokosfaser ausgefüllt. Vorn werden noch einige Blüten und eine Schleife angebracht. Mit einem Aufhänger versehen, ist das eine schöne Osterdekoration. Die floristische Gestaltung geht am schnellsten mit einer Klebepistole. Aber Vorsicht, der Kleber ist sehr heiß!

Osteranhänger

Für alle auf dieser Seite abgebildeten Osteranhänger habe ich einfache Gießformen angefertigt. Für die Modelle wurde lufttrocknende Modelliermasse etwa 5 mm stark ausgerollt, danach kann mit einer Ausstechform zum Plätzchenbacken oder mit einer Hälfte einer zweiteiligen Plastikform ausgestochen werden. Um die Oberfläche eines Gießteils reliefartig zu gestalten, kann die Modelliermasse z.B. auch auf einem groben Gewebe ausgerollt werden.

Die Gießformen der kleinen Hasen im unteren Bereich von Seite 43 wurden mit Hilfe einer Reliefgießform angefertigt, die Beschreibung dazu erfolgt auf Seite 46.
Sind alle Gießteile gegossen und gut durchgetrocknet, werden sie versäubert, mit Decorlack grundiert und mit Glasmalfarben bemalt. Oben werden Schleifenbänder und Anhänger angebracht.

Weihnachtsanhänger

Du kannst genauso auch weihnachtliche Modelle verwenden und einfache Gipsformen davon anfertigen.
Die Grundformen wurden aus lufttrocknender Modelliermasse ausgestochen, sie erhielten eine glatte oder strukturierte Oberfläche.
Von den Modellen werden Gipsformen angefertigt und die Gießteile gegossen.
Nach dem Trocknen werden die Gießteile versäubert und weiß grundiert.

Mit dem wasserfesten Stift können Gesichter oder weihnachtliche Motive aufgemalt und mit Glasmalfarben farblich gestaltet werden. Sehr schön sieht es aus, wenn das Papiermaché beidseitig bemalt wird. Zusätzlich kannst Du goldenen Glitter verwenden. Zum Schluß werden Schleifen und Aufhängebänder angeklebt.
Rechts unten ist eine einfache Gießform aus Gips mit der dazugehörigen zweiteiligen Plastikform zu sehen.

Kasperlepuppen

Für die Kasperlepuppen werden zwei einfache einteilige Gießformen aus Gips angefertigt, die es ermöglichen, leichte Köpfe aus Papiermaché herzustellen, mit denen du auch spielen kannst. Die Modelle aus lufttrocknender Modelliermasse wurden mit Hilfe einer Gießform für Reliefgießmassen hergestellt. Dazu wird die Modelliermasse gut durchgeknetet und in die Reliefgießform gedrückt. Nimm genügend Modelliermasse, und drücke sie in alle Hohlräume, das Modell muß eine glatte Rückseite haben.

Entferne Dein Modell, eventuell mußt Du noch ein wenig nacharbeiten, und lege es mit der glatten Seite nach unten in die Form. Nun wird es dünn mit Öl eingepinselt und nach Vorschrift mit der Gipsmasse übergossen. Auf diese Weise kannst Du eine Form für das Gesicht und eine für den Hinterkopf herstellen.

Sind beide Formen gut durchgetrocknet, kann die Papiermachégießmasse eingegossen werden. Gieße immer mal nach, da die Gipsform der Masse Wasser entzieht, bildet sich die Wand des Gießteils. Bei etwa 5 mm Wandstärke wird die sich noch im Gießteil befindende Masse vorsichtig in das Gießgefäß zurückgegossen. Damit sich der Rohling von der Wand der Gießform beim Trocknungsprozeß ablösen kann, mußt Du den Rand vorab vorsichtig mit einem Messer lockern.

Nach etwa 2-3 Stunden können die Gießteile für Vorder- und Hinterkopf den Formen entnommen werden. Sie sind jetzt lederhart, lassen sich aber schon anfassen und weiter bearbeiten.

Damit Du mit den Kasperlefiguren auch spielen kannst, wird der Boden des Halses mit einem Messer entfernt. Laß die Teile noch 1-2 Stunden im Warmen trocknen.

Dann wird der Rand beider Kopfteile mit der flüssigen Papiermachémasse eingestrichen und zusammengefügt. Trage nicht zu viel von der Masse auf, sonst wird der Kopf weich und verzieht sich!

Laß den Kopf gut trocknen. Um Unebenheiten auszugleichen oder Teile besser herauszumodellieren, wird die Masse noch mehrmals mit einem Pinsel aufgetragen. Zwischendurch muß sie aber immer trocknen. Ist die Oberfläche rauh geworden, kannst Du die Unebenheiten mit einem ganz feinen Schleifpapier entfernen.

Die Köpfe werden nun nach Belieben weiß oder hautfarben grundiert und bemalt.

Die Kleiderschnitte findest Du auf dem Vorlagenbogen. Sie werden doppelt aus Filz zugeschnitten, mit der Nähmaschine genäht, gewendet und gebügelt. In die obere Öffnung wird der Hals geklebt.

Die Hände werden doppelt aus hautfarbenem Filz zugeschnitten und zusammengeklebt. Die Bekleidung wird mit Lammfell, Knöpfen und Filzresten dekoriert, auf diese Weise entstehen der Kasper, der Teufel, der Zauberer und die brave Omi.

Für die Haare habe ich Lammfellreste aufgeklebt, nur die Omi erhielt eine Frisur aus blonden Kunsthaarlocken.

Dann kann es heißen: „Seid Ihr alle da?“

Im frechverlag gibt es viele weitere Bücher mit kreativen Ideen für Kinder und Erwachsene. Hier eine Auswahl:

TOPP 2439

TOPP 1996

TOPP 2019

TOPP 2408

TOPP 2413

TOPP 2059

TOPP 2021

TOPP 2009

TOPP 2024